公路施工安全教育系列丛书——工种安全操作

本书为《公路施工安全视频教程》配套用书

班组日常安全管理

广东省交通运输厅 组织编写

广东省南粤交通投资建设有限公司
中铁隧道局集团有限公司 主　编

人民交通出版社股份有限公司
China Communications Press Co.,Ltd.

内 容 提 要

本书是《公路施工安全教育系列丛书——工种安全操作》中的一本,是《公路施工安全视频教程》(第五册 工种安全操作)的配套用书。本书主要介绍班组日常安全作业的相关内容,包括:班组简介、班组日常安全管理的目的、班组组织结构及安全职责、班组日常安全管理主要内容、班组应急管理等。

本书可供施工一线作业人员使用,也可作为相关人员安全学习的参考资料。

图书在版编目(CIP)数据

班组日常安全管理/广东省交通运输厅组织编写;广东省南粤交通投资建设有限公司,中铁隧道局集团有限公司主编. — 北京:人民交通出版社股份有限公司,2018.12

ISBN 978-7-114-15040-1

Ⅰ.①班… Ⅱ.①广…②广…③中… Ⅲ.①瓦斯监测—安全技术—手册 Ⅳ.①TD712-62

中国版本图书馆 CIP 数据核字(2018)第 226236 号

Banzu Richang Anquan Guanli

书　　名:	班组日常安全管理	
著　作　者:	广东省交通运输厅组织编写	
	广东省南粤交通投资建设有限公司　中铁隧道局集团有限公司主编	
责任编辑:	韩亚楠　陈　鹏	
责任校对:	张　贺	
责任印制:	张　凯	
出版发行:	人民交通出版社股份有限公司	
地　　址:	(100011)北京市朝阳区安定门外馆斜街3号	
网　　址:	http://www.ccpress.com.cn	
销售电话:	(010)59757973	
总　经　销:	人民交通出版社股份有限公司发行部	
经　　销:	各地新华书店	
印　　刷:	中国电影出版社印刷厂	
开　　本:	880×1230　1/32	
印　　张:	1.875	
字　　数:	51千	
版　　次:	2018年12月　第1版	
印　　次:	2021年11月　第3次印刷	
书　　号:	ISBN 978-7-114-15040-1	
定　　价:	15.00元	

(有印刷、装订质量问题的图书由本公司负责调换)

编委会名单
EDITORIAL BOARD

《公路施工安全教育系列丛书——工种安全操作》
编审委员会

主 任 委 员： 黄成造

副主任委员： 潘明亮

委　　　员： 张家慧　陈子建　韩占波　覃辉鹃

　　　　　　　王立军　李　磊　刘爱新　贺小明

　　　　　　　高　翔

《班组日常安全管理》
编写人员

编　　写： 赵志伟　李　萍　熊祚兵

校　　核： 王立军　刘爱新

版面设计： 王珍珍　万雨滴

致工友们的一封信

亲爱的工友：

你们好！

为了祖国的交通基础设施建设，你们离开温馨的家园，甚至不远千里来到施工现场，用自己的智慧和汗水将一条条道路、一座座桥梁、一处处隧道从设计蓝图变成了实体工程。你们通过辛勤劳动为祖国修路架桥，为交通强国、民族复兴做出了自己的贡献，同时也用双手为自己创造了美好的生活。在此，衷心感谢你们！

交通建设行业是国家基础性和先导性行业，也是安全生产的高危行业。由于安全意识不够、安全知识不足、防护措施不到位和违章操作等原因，安全事故仍时有发生，令人非常痛心！从事工程施工一线建设，你们的安全牵动着家人的心，牵动着广大交通人的心，更牵动着党中央及各级党委、政府的心。为让工友们增强安全意识，提高安全技能，规范安全操作，降低安全风险，保证生产安全，我们组织开发制作了以动画和视频为主要展现形式的《公路施工安全视频教程》（第五册　工种安全操作），并同步编写了配套的《公路施工安全教育系列丛书——工种安全操作》口袋书。全套视频教程和配套用书梳理、提炼了工种操作与安全生产相关的核心知识和现场安全操作要点，易学易懂，使工友们能知原理、会工艺、懂操作，在工作中做到保护好自己和他人不受伤害。

请工友们珍爱生命，安全生产；祝福你们身体健康，工作愉快，家庭幸福！

广东省交通运输厅
二〇一八年十月

目录

CONTENTS

1 班组简介 …………………………………… 1
2 班组日常安全管理的目的 ………………… 6
3 班组组织结构及安全职责 ………………… 8
4 班组日常安全管理主要内容 ……………… 30
5 班组应急管理 ……………………………… 48

PART 1 / 班组简介

1 PART 班组简介

1.1 班组概念

班组是指在施工生产过程中,相互协同的同工种或相近工种的工人组织在一起,从事施工生产工作的管理组织。

拱架安设及出渣

防撞护栏施工

1.2 公路工程主要施工班组及工种

（1）隧道主要施工班组：开挖班、出渣班、立拱班、喷浆班、二衬班、管道班等。

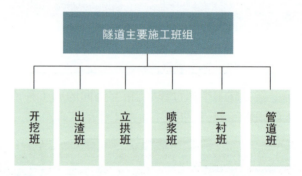

所涉及的工种主要有爆破工、爆破安全员、焊接与热切割作业人员、钢筋工、混凝土工、模板工、挖掘机操作工、模板台车操作工、载货汽车驾驶员、普工等。

（2）桥梁主要施工班组：桩基班、钢筋班、混凝土班、张拉班等。

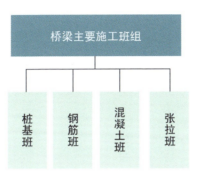

所涉及的工种主要有爆破工、爆破安全员、焊工、钻机操作工、混凝土工、钢筋工、模板工、架子工、起重机械操作工、起重机械指挥人员、张拉工、普工等。

(3)路基主要施工班组:土方开挖班、石方爆破班、填筑班、边坡防护班等。

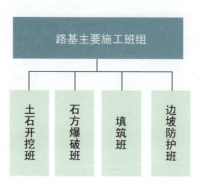

　　所涉及的工种主要有爆破工、爆破安全员、挖掘机操作工、载货汽车驾驶员、平地机操作工、压路机操作工、普工等。

(4)综合班组:电工班、加工班、机修班等。

所涉及的工种主要有电工、焊工、钳工、维修工、普工等。

2 PART 班组日常安全管理的目的

(1) 完善施工班组管理体系。

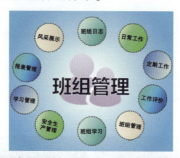

(2) 规范班组建设模式,提高班组安全管理水平。

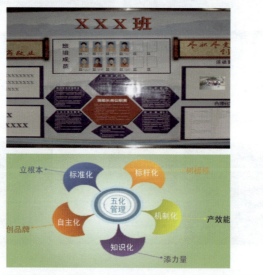

(3)强化班组安全文化理念,防范生产安全事故。

3 PART 班组组织结构及安全职责

3.1 班组组织结构

班组设班组长 1 人,安全员 1 人,并可根据需要设协管员 1 名。班组长是班组的领导者和管理者。

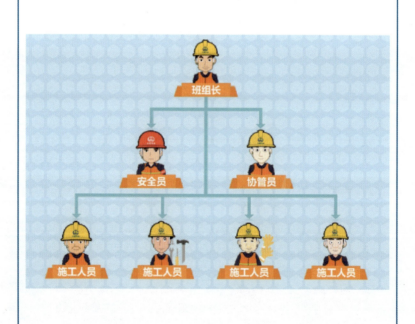

3.2 安全职责

3.2.1 班组长安全职责
（1）班组长是本班组安全生产的直接责任人。

> **中铁隧道局集团XX处公司文件**
>
> XXX〔2013〕190号
>
> 关于印发《中铁隧道局集团XX处有限公司
> 安全生产责任制》的通知
>
> 公司所属各单位：
> 　　为了贯彻落实"安全第一，预防为主，综合治理"的安全生产方针，落实"一岗双责、岗岗有责"的工作原则，按照《中华人民共和国安全生产法》、《建设工程安全生产管理条例》、《中央企业安全生产监督管理暂行办法》等国家、行业有关法规要求，依据中国中铁股份公司和集团公司相关规定，公司重新修订了《中铁隧道局集团XX处有限公司安全生产责任制》，现印发给你们，请遵照执行。
> 　　本责任制自颁布之日起施行，原《关于认真学习履行项目主要管理人员安全管理工作内容和职责考核的通知》（XXX〔2009〕138号）中项目主要管理人员安全管理工作内容同时废止。

中铁隧道局集团××处有限公司安全生产责任制

第三十九条　项目班组长

1.认真执行安全生产的规章制度，模范遵守安全操作规程，对本班成员的安全行为负责,是项目基层组织的安全生产第一责任人。

2. 坚持召开班前安全会，在布置生产任务的同时，具体布置安全措施，保证自己不违章指挥。

3. 组织开展安全活动，坚持班前讲安全，班中检查安全，班后总结安全。

4. 负责对新调入、变换工种、复工人员（包括实习、代培、临时用工）进行岗位安全教育。

5. 负责每班现场巡回安全检查，督促工人严格遵守安全生产制度、安全操作规程和正确使用个体防护用品。纠正违章作业和不安全行为，负责监督危险作业，及时发现和消除事故隐患。

6. 发生工伤事故负责保护好现场，并及时上报，参与事故调查、原因分析，提出预防措施及事故处理意见。

7. 做好生产设备、安全装备、消防设施和爆破物品等检查维护工作，使其经常保持完好和正常运行。

8. 有权拒绝上级不符合安全生产、文明生产的指令和意见。

第四十条　项目部员工

1. 认真学习和严格遵守各项规章制度、劳动纪律，不违章作业，特种作业人员持证上岗。

2. 自觉接受安全生产教育培训，认真学习安全生产法律法规、规章制度和安全操作规程，提高自我保护意识与能力。

3. 认真履行岗位职责，遵章守纪，服从分配，坚守岗位，听从安全管理人员的指挥，不违章指挥、不违规操作、不违反劳动纪律，作业前认真做好安全检查工作。

4. 发现安全隐患，应立即向上级领导报告，在确保自身安全的前提下，采取有效措施、消除隐患。

（2）班组长应按要求参加施工单位组织的各项安全生产活动，做好与上一级单位的工作衔接，并组织班组人员落实相关制度、规程及其他要求。

(3)班组长应对新进场的班组人员,考察其身体状况、业务素质等是否适应岗位要求,不适应岗位要求的作业人员不予接受其上岗,并实时跟进班组成员进、退场情况。

不适应高处作业

PART 3 / 班组组织结构及安全职责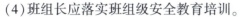

(4)班组长应落实班组级安全教育培训。

安全教育培训

❗ 班组安全教育主要内容：
①班组作业特点和操作规程；
②班组安全制度和纪律；
③爱护和正确使用防护装置(设施)及个人劳动保护用品；
④本岗位存在的不安全因素及其防范对策；
⑤本岗位作业环境及使用的机械设备、工具的安全要求。

(5)班组长应坚持做好日循环和周循环工作，认真落实每一环节的工作。

日循环

周循环

(6)班组长应组织本班组进行日常隐患排查和整改。

班组日常安全检查工作记录表

单位：中铁隧道局集团XXXX分部　　　　XXX队

日期	2017.11.24	班组长	XXX
隐患内容： 1. 汽车吊支腿未垫方木 2. 现场作业人员未按要求戴防尘口罩			
整改措施： 1. 汽车吊支腿按要求支垫方木 2. 现场作业人员按要求佩戴劳动防护用品			

支腿未垫方木

未戴防尘口罩

支腿垫方木

戴防尘口罩

(7)班组长应监督班组人员做好机械设备的日常使用、检查、维护工作。

(8)班组长应带领班组成员学习现场处置措施,使其掌握必要的急救知识和避险办法。

(9)发生事故后,班组应立即上报并组织班组成员开展力所能及的自救工作,并协助事故调查,落实整改措施。

3.2.2　安全员(群安员)安全职责

(1)配合班组长对班组成员进行班前安全教育,并监督施工作业人员作业前的安全确认工作。

(2)班中巡查作业现场,督促本班组人员严格遵守操作规程,对巡查中发现的安全隐患,要求相关人员立即整改;对较大的问题,要告知班组长并予以记录;发现严重违章现象时,有权要求相关人员停止作业并立即纠正;发现紧急情况时,有权要求作业人员立即撤离危险场地。

(3) 班后与班组长一起归纳总结,指出当天的安全隐患及违章操作等行为,并对违章人员进行纠正与教育。

(4) 督促班组成员学习法律、法规和安全技术规范等。

(5) 协助班组长开展班组应急演练及各类安全文化活动等。

3.2.3 协管员安全职责

(1)督促班组成员学习最新的法律、法规和安全生产技术规范和文件等。

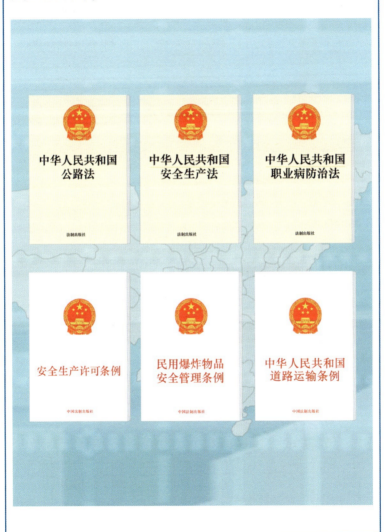

班组日常安全管理

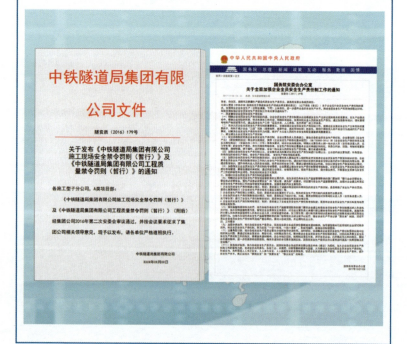

(2)协助班组长开展班组教育。

(3)协助班组长开展日常隐患排查和整改。

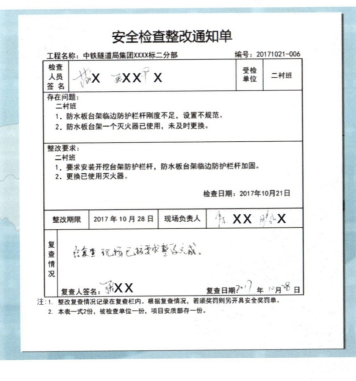

（4）班组长请假时代替班组长履行其安全职责。（注意：现场交接）

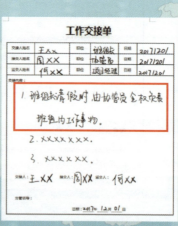

PART 3 / 班组组织结构及安全职责

3.2.4　班组成员安全职责

（1）主动学习并执行国家法律法规、规章制度、安全操作规程。

（2）积极接受安全教育培训及岗位技能培训。

班组日常 安全管理

（3）正确使用个人劳动保护用品并妥善存放。

保护面罩

防护手套

安全带

妥善存放

（4）有权拒绝、劝阻、制止"三违"行为。

● 三违：违章指挥、违章作业、违反劳动纪律

PART 3 / 班组组织结构及安全职责

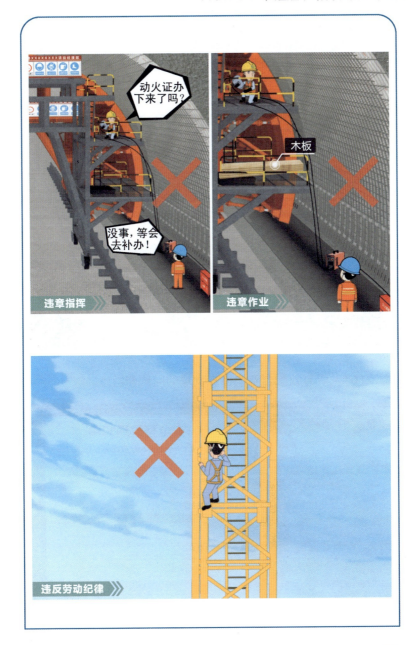

班组日常安全管理

(5)每天工作前进行本岗位的安全确认。

⚠ 班前安全确认主要内容:作业环境是否有异常;安全设施是否齐全;机械设备性能是否良好。

隧道掌子面

钢筋加工场

路基高边坡

作业平台

(6)及时有效配合整改检查发现的问题和隐患。

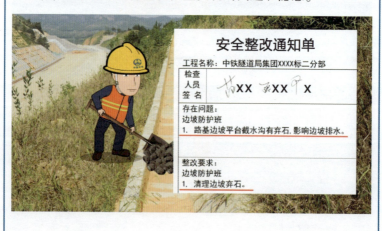

(7)积极参与施工、用工单位及班组组织的各项安全生产活动及应急演练,掌握现场处置措施及必要的急救办法。

(8)出现异常现象,如异常声响、晃动时,或根据自身经验判断有可能发生危险时,应立即撤离现场,同时大声呼喊告知周边人员。

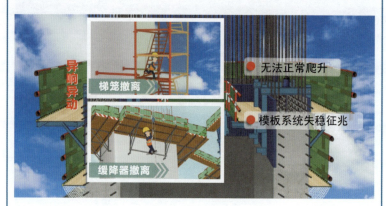

(9)发现隐患及时上报。

(10)发生生产安全事故时,现场人员应立即报告班组长或施工单位现场管理人员,开展力所能及的自救。

(11)事故调查阶段,在事故现场的人员应配合事故调查组的询问,如实陈述,配合调查。

4 班组日常安全管理主要内容

4.1 安全生产教育培训

（1）班组长应对班组新进场成员进行班组级的岗前安全培训教育。

班组级安全教育课时不少于8个。

❗ 班组级岗前安全培训教育的内容：

所作业分部分项工程的安全生产概况及工作环境和危险因素；

所从事工种的安全职责、操作技能及强制性标准；

岗位之间工作衔接配合的安全与职业健康事项；

作业程序及工艺流程；

应遵守的劳动纪律与个人安全防护标准；

事故案例；

紧急逃生自救、互救知识等。

(2)对于转岗、离岗六个月及"四新"应用时,班组长应按新进场成员岗前教育培训的要求,对其进行安全教育培训。

(3)班组长应每月对所有作业人员进行不少于1次的安全操作规程教育。

(4)班组长应对新进场成员进行应急知识的教育培训,并定期或不定期进行急救、自救和互救知识的教育培训。

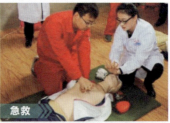

（5）班组安全员应协助班组长做好班组级安全教育培训记录，培训双方应履行签名手续，并于每月底将本月教育培训记录送用工单位留档。

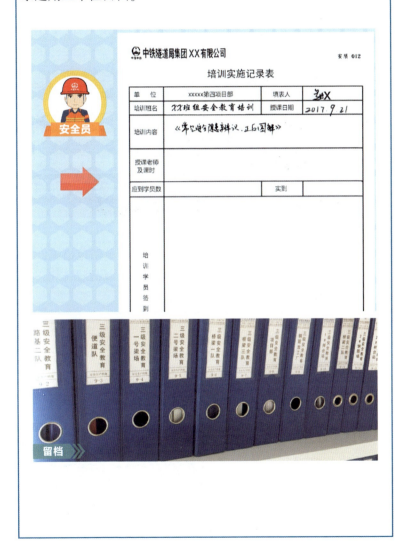

4.2 安全技术交底

各分项工程开工前,相关工程技术人员应按工种、工序及施工部位,对操作工人进行安全技术交底。

❗ 主要内容应包括:
施工过程中的危险源、危害因素及相应的防范措施;
特殊工序的操作方法和相应的安全操作规程及标准;
现场应急处置措施等。

4.3 事故隐患排查与整改

(1)班组长或班组协管员应每日对班组作业现场进行自检,形成"一班三检"。

PART 4 / 班组日常安全管理主要内容

❗ 班前、班中、班后三检记录班组自检的主要内容：
检查机械设备、工具、安全设施、生产作业场所以及生产物料的存储是否符合要求；
检查个人劳动防护用品是否正确佩戴；
检查当班成员状态是否良好；
检查有无"三违"行为；
检查上班遗留的隐患是否及时纠正；
检查应急物品是否配备到位等。

（2）班组自检中发现的安全隐患，当场可以整改的，应立即纠正。

配电箱有杂物

当场不能完成整改但可由班组自行完成整改的，班组长或班组协管员应下发班组检查整改单，并跟踪整改情况。

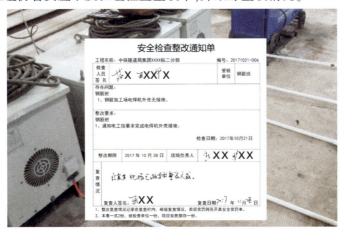

对于班组无法自行完成整改的,必要时应立即停止作业,并向施工单位管理部门报告。

4.4 劳动保护

(1)班组长领取本班组个体劳动防护用品后,及时发放给本班组成员,并做好发放记录。

劳动保护用品领用保管卡片					
领用部门:综合班			卡片编号:ZT066		
领用人:王××			卡种/职位:普工		
物品领用	名称及规格	计量单位	领用		
^	^	^	日期	数量	使用者签章
1	帆布手套	双	2017.10.05	2	王××
2	反光背心	件	2017.10.21	1	王××
3	安全帽	顶	2017.11.06	1	王××
4	雨靴	双	2017.11.10	1	王××

PART 4 / 班组日常安全管理主要内容

（2）班组内有新进场成员或需要更换劳动防护用品时,应及时向负责用工单位申请购买。

新进场成员

需更换劳保用品

劳动防护用品购买申请						
序号	品　名	规格型号	单位	数量	申请原因	备注
1	黄色安全帽	×××	顶	10	新进人员/更换	外协工
2	工作服	×××	套	5	新进人员/更换	春季
3	工作服	×××	套	5	新进人员/更换	冬季
4	安全负责人马甲		件	2	新进人员/更换	
5	施工负责人马甲		件	2	新进人员/更换	
6	安全带	×××	跟	20	新进人员/更换	

编制：×××　　　　班组长签字：×××

（3）班组成员应妥善保管和使用劳动防护用品,防止丢失或混用,并保证其使用效果。

防止丢失

使用

保存

4.5 机械设备管理

作业现场班组使用机械设备时应做到"三知、四会","三知",即知结构原理、知技术性能、知安全装置作用;"四会",即会操作、会维护、会保养、会排除一般故障。

机械设备管理要求	
类　别	要　求
三知	知结构原理
	知技术性能
	知安全装置作用
四会	会操作
	会维护
	会保养
	会排除一般故障

(1)"三知"之一:知结构原理

(2)"三知"之二:知技术性能

❗ 起重机安全技术档案:

设计文件、产品质量合格证明、安装及使用维护保养说明、监督检验证明等相关技术资料和文件;

定期检验和定期自行检查记录;

日常使用状况记录;

维护保养记录;

运行故障和事故记录。

(3)"三知"之三：知安全装置作用

(4)"四会"之一：会操作
知识结构原理基础上会使用机械设备

(5)"四会"之二：会维护

PART 4 / 班组日常安全管理主要内容

(6)"四会"之三:会保养

(7)"四会"之四:会排除一般故障

4.6 安全活动

4.6.1 班组三工制

"三工制"即班前安全讲话、班中安全检查、班后安全总结；目的是不断强化安全生产教育，及时排除安全隐患，提高员工预防事故的能力。

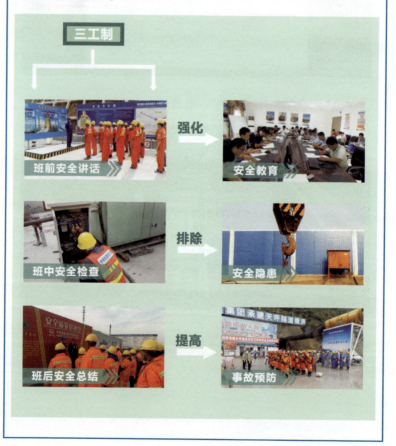

PART 4 / 班组日常安全管理主要内容

(1)班前安全讲话。作业前由班组长根据工作内容、周边环境和使用机具情况。

周边环境

使用机具

对本班人员进行安全操作规程、工序安全注意事项和安全防护用品使用的安全讲话。

班前安全讲话

班前安全讲话

班组日常安全管理

（2）班中安全检查。作业过程中，班组长必须监督现场安全生产，带头遵守安全操作规程，拒绝违章指挥、违章操作及野蛮施工。

焊割工安全操作规程

1、作业人员必须按要求使用安全防护用品，严禁酒后上岗，疲劳作业。
2、进行焊割作业前必须办理动火许可证，并接受专设施护人员，对作业点周边10米内的可燃易燃物品进行清理。
3、严格按照焊机铭牌上标的数能使用焊机，不得超载使用。
4、焊机应在空载状态下调电流。
5、加强维护焊养工作，保持焊机内外清洁，保证焊机和焊接线绝缘良好，若有故障应及时维修。
6、定期由电工检查焊机电路的技术状况及焊机各处的绝缘性能，如有问题应及时排除。
7、在电焊和切割工作场所，必须有防火设备，如消防栓、灭火器、砂箱以及盛满水的水桶等。
8、气割作业时氧气与乙炔瓶间距必须>5米，距离高动火作业点必须>10米，气瓶应设置阴凉，防雨淋措施，环境温度≤40℃。
9、高处焊割作业时，焊割机具和材料堆放妥当，应佩戴阻燃安全带，下方设置隔火盘，地面必须有人监护。
10、雨雪天应停止焊割作业，必须焊割时要采可靠的防雨雪措施；雷雨天禁止焊割作业，当风力大于等于5级时，应停止室外焊割作业。

压路机安全操作规程

1、作业中应加强观察和瞭望，与沟槽、堤岸、堆积物等保持足够的安全距离。
2、应随时关注各仪表状态和设备运转状况，发现异常，及时处理，严禁"带病"作业。
3、振动压路机应先起步，后起振；停机时应先停振，后停机。
4、坡道作业时，应事先选好挡位，不得中途换挡，禁止在斜坡上横向行驶或停留下坡时严禁空挡滑行。
5、视线不良或夜间施工时应开启工作灯，保证充足的照明。
6、压路机碾压行驶速度宜控制在3～4km/h，在一个碾压行程中不得变速。
7、路堤碾压时，应从中间向两侧碾压，距路基边缘不应小于0.5m，坑边道路压时，应由里侧向外侧碾压，距路基边缘不应小于1m。
8、两台以上压路机同时作业时，前后间距不得小于3m，在道道上不得并列行驶。
9、压路机应停放在平坦、坚实的地面上，拉紧制动，并设置安全警示标志；存在坡道停放时，应在车轮下塞放三角木块楔紧前后轮。
10、严禁牵引停机时，应将滚轮用木楔垫离地面，防止冻结。
11、停机后，须将各手柄置于"空挡"，按掉钥匙，关闭门窗后，方可离开。

PART 4 / 班组日常安全管理主要内容

野蛮施工

正确使用防护用品和防护设施。

序号	工种	一般个体防护装备							特种个体防护装备						
		普通防护服	普通工作帽	普通工作鞋	劳动防护手套	防寒服	雨衣	胶鞋	耳塞(耳罩)	安全鞋	防刺穿鞋	电绝缘鞋	防静电鞋	耐酸碱皮鞋	耐酸碱胶鞋	胶面防砸安全鞋	防静电工作服	防酸工作服
1	钢筋工	√		√	√					√						√		
2	模板工	√		√	√	√		√		√						√		
3	混凝土工	√			√								√					
4	混凝土搅拌设备操作工	√		√	√	√												
5	砌筑工	√		√	√				√	√						√		

45

(3)班后总结。作业结束前,班组长对现场进行安全检查,做好工完场清、设备断电、材料覆盖等工作,并对本班安全情况进行总结。

4.6.2 周一安全活动

周一安全活动是为了增强作业人员的安全意识,提高作业人员的安全操作技能,总结存在的安全问题和分析制订改进措施,由各班组长组织,班组员工参加的安全活动。

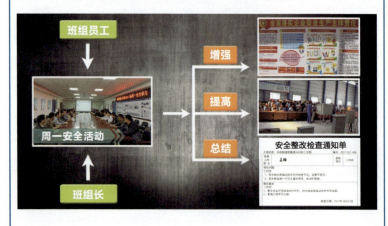

主要内容为：
(1) 对上周的安全生产情况进行总结，并提出改进措施。
(2) 对本周工作内容和安全注意事项进行交底。

(3) 定期组织作业人员到安全体验馆进行安全体验，不断巩固、增强自身的安全防护意识和能力。

5 班组应急管理

(1)发生生产安全事故或险情时,现场人员应大声呼救并立即报告班组长,同时开展力所能及的自救、互救,不能盲目施救,必要时立即撤离事故现场。班组长接到报告后应立即报告现场管理人员。

发生生产安全事故

大声呼叫

报告班组长

撤离事故现场

报告现场管理人员

（2）班组人员事先熟知作业区域的现场逃生路线，并定期进行应急逃生演练。

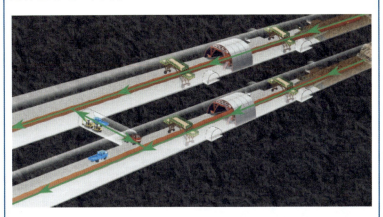

应急演练

隧道逃生

（3）班组人员应熟练掌握现场应急救援及消防器材的使用方法。

> 现场应急救援常识主要包括：
> ①应急救援基本常识；
> ②触电急救知识；
> ③创伤救护知识；
> ④火灾急救知识；
> ⑤中毒及中暑急救知识等。

应急救援

消防演练

火灾类型	灭火器选型表		
	火基型(水雾)灭火器	火基型(泡沫)灭火器	ABC干粉灭火器
A 类火灾	√	√	√
B 类火灾	√	√	√
C 类火灾	√		√
D 类火灾			

(4)班组人员应了解并掌握基本的现场急救知识,发生事故后,第一时间抢救身边的伤员。

触电应急演练

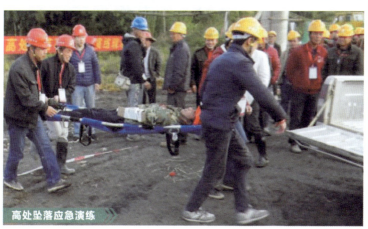
高处坠落应急演练

班组日常安全管理

小工班　大安全　班组建设很关键
班组长　责任大　管好自己带大家
安全员　任务重　纠正三违不妥协
班组员　要自觉　规范操作不违章
班前讲　班中查　班后总结促提升
天天讲　周周学　抓好安全不松懈